Reem Ahmed Hamid
Dawi Musa Hamed

Antílopes do Sudão

Reem Ahmed Hamid
Dawi Musa Hamed

Antílopes do Sudão

Comportamento e ecologia do pato-de-água-defassa Kobus ellipsiprymnus defassa durante a estação seca no Parque Dinder

ScienciaScripts

Imprint

Any brand names and product names mentioned in this book are subject to trademark, brand or patent protection and are trademarks or registered trademarks of their respective holders. The use of brand names, product names, common names, trade names, product descriptions etc. even without a particular marking in this work is in no way to be construed to mean that such names may be regarded as unrestricted in respect of trademark and brand protection legislation and could thus be used by anyone.

Cover image: www.ingimage.com

This book is a translation from the original published under ISBN 978-620-7-80889-2.

Publisher:
Sciencia Scripts
is a trademark of
Dodo Books Indian Ocean Ltd. and OmniScriptum S.R.L publishing group

120 High Road, East Finchley, London, N2 9ED, United Kingdom
Str. Armeneasca 28/1, office 1, Chisinau MD-2012, Republic of Moldova, Europe
Printed at: see last page
ISBN: 978-620-7-97430-6

Dedicação

Elfatih Eltagi Mahjoub, que foi uma grande fonte de
motivação e inspiração para mim. Elfatih Eltagi Mahjoub, que
foi uma
grande fonte de motivação
e inspiração
para mim.
Pela sua orientação em todas as etapas do meu percurso, foi a minha
luz interior, a minha estrela-guia na noite escura, pelo seu amor, apoio e
encorajamento
sem fim.
Estou aqui como ele esperava.

À alma do meu pai, a minha luz interior, a minha estrela-guia na noite escura, pelo seu amor, apoio e encorajamento sem fim. Estou aqui como ele esperava.

AGRADECIMENTOS

Todos os louvores a Deus e à Sua bênção pela conclusão desta tese. Agradeço a Deus por todas as oportunidades, provações e forças que me foram concedidas para terminar de escrever a tese. Durante este processo, vivi muitas experiências, não só do ponto de vista académico, mas também do ponto de vista da personalidade.

Publicar este livro foi uma experiência verdadeiramente transformadora para mim e não teria sido possível fazê-lo sem o apoio e a orientação que recebi de muitas pessoas.

Gostaria de agradecer ao meu supervisor, Dr. Dawi Musa Hamed, por todo o apoio e encorajamento que me deu, tanto durante os longos meses que passei a efetuar o meu trabalho de campo no Parque Nacional de Dinder como durante o tempo que passei na Universidade de Cartum, departamento de Zoologia.

Estou grato aos meus tios Dr. Mofida Yousif e Yousif Elfatih pela sua ajuda e orientação quando me debatia com o trabalho de campo e com outros problemas relacionados, e deram-me confiança e inspiração.

Os meus sinceros agradecimentos ao membro do Centro de Investigação da Vida Selvagem representado pelo assistente de investigação Gamar-Aldein Mohamed Ibrahim e ao motorista Calros Zakaria pela sua ajuda durante a recolha de dados.

Um agradecimento especial é devido à minha faculdade, Dr. Omer Menia, diretor da Estação do Parque Nacional de Dinder, e à sua família pela sua hospitalidade e generosidade.

Agradeço a ajuda do Prof. Ibrahim Kano pelos seus conselhos durante a recolha de amostras no terreno, no Parque Nacional de Dinder.

Gostaria também de estender os meus agradecimentos a Murtda Yousif Alkhalifa e ao Dr. Ahmed Elsiddig pelo apoio que me deram com câmaras para documentar o estudo no terreno.

Tenho a sorte de ter feito parte do projeto Artist1. O apoio excessivo que recebi de Abdelmajid Salah Ashria, sem o qual não conseguiria terminar este livro com a melhor documentação.

Um agradecimento muito especial a todos os membros do campo de Galago pelo seu apoio durante o trabalho. Estou também muito grato a Jamal Elebid, Jamal Albla, Ibrahim Malik e Bashri.

Um agradecimento especial aos soldados (Alwasila, Adam, Hani e Ayman) que me ajudaram de várias formas durante o alojamento no parque.

Ninguém foi mais importante para mim na realização deste livro do que os membros da minha família. Gostaria de agradecer à minha mãe, à minha irmã Rania e aos meus irmãos Mohamed e Mamdouh, cujo amor e orientação me acompanham em tudo o que faço. Eles são os melhores exemplos a seguir.

Por último, mas não menos importante, gostaria de agradecer ao meu falecido tio, Prof. Elfatih Eltagi Mahjoub, pela sua ajuda e encorajamento.

RESUMO

Existem poucos estudos sobre o pato-de-água Defassa no Parque Nacional de Dinder. O presente estudo é realizado em condições naturais no Parque Nacional de Dinder em fevereiro, março, abril e maio de 2018-2019 para descrever a organização social, o comportamento de acasalamento e as actividades diárias do pato-de-água-defassa, *Kobus ellipsiprymnus defassa* (Katambour) em Ras-Amir, Ein-alshamis, Beit-alwahash, Abdel-Gani e prados de Gererisa (Mayas).

Foram utilizados binóculos para estimar a composição da manada do pato-de-água de *Defassa.*

A atividade diária dos rebanhos e o seu comportamento de cortejo foram estudados durante 15 minutos em cada intervalo de hora, das 6 às 17:59 horas. O dia foi dividido em 3 períodos (manhãs, tardes e noites) para avaliar as variações nas suas actividades durante um dia.

Foram utilizados métodos de observação direta para registar as actividades diárias dos rebanhos. O registo teve início às 6:00 da manhã e terminou às 17:59 da tarde. Durante cada hora foram efectuadas três observações, cada uma com a duração de 15 minutos, com um intervalo de 5 minutos entre observações sucessivas. Resultados: Verificou-se uma variação nas actividades diárias entre anos. Foram observadas diferenças dentro e entre meses, dentro e entre anos, dentro e entre prados (p0,01).

Introdução e revisão da literatura:

O pato-de-água, *Kobus ellipsiprymnus defassa*, pertence à ordem Artiodactyla (ungulados de dedos pares) e à família Bovidae, que é a maior e mais diversificada família desta ordem. Compreende seis subfamílias, 45 géneros e 137 espécies (Grubb,1993). Wolfe, (2015) afirmou que a família bovidae consiste em 143 espécies conhecidas, variando em tamanho de 3 kg de antílope real a 1200 kg de gaur. Todos os membros desta família têm estômagos ruminantes e chifres não ramificados e não decíduos. O autor limitou a sua distribuição principalmente em África e em 30 países da Europa, Médio Oriente e Ásia. Quatro subfamílias existem apenas no continente africano; nenhuma é nativa da Austrália ou da Antárctida; e apenas o bisonte *(Bison bison)* é nativo das Américas. Kingdon, (2007) afirmou que o tamanho da família varia entre antílopes pigmeus de 2 kg e elandes de 1.000 kg.

Schuette *et al.*, (1998) afirmaram que existem poucos dados disponíveis da África Ocidental devido à falta de uma gestão adequada nessa área. O estudo das espécies selvagens no seu habitat natural e a tentativa de responder a perguntas sobre as suas interações com o ambiente circundante e o seu impacto no seu comportamento, organização social, hábitos alimentares, distribuição no parque, efeito da predação e interação com outras espécies é uma grande preocupação para os investigadores e as autoridades de gestão.

Comportamento social:

Clutton-Brock e Janson (2012) estudaram o comportamento social e afirmaram que a sociabilidade é um carácter único no Reino Animal. O estudo da organização social (tamanho do grupo, composição e associação entre o grupo) dos animais selvagens permite-nos compreender o padrão de relações entre indivíduos e grupos sociais.

Os sistemas sociais evoluíram em muitos taxa como os insectos, as aves e os mamíferos. O grau de sociabilidade varia entre os animais, de períodos curtos a longos, alguns deles vivem em grupo durante toda a sua vida, enquanto outros formam grupos temporários. Schradin, *et al.*, (2012) afirmou que a sociabilidade tem um efeito nos processos biológicos importantes, como a aquisição de recursos, a prevenção de predadores e a aprendizagem social. Kappeler (2019) afirmou que existem quatro componentes que constituem a cumplicidade social das espécies de *corvos* e estes são: organização social, estrutura, acasalamento e sistema de cuidados.

Segundo Shankar Raman, (1997) muitas espécies de mamíferos formam grupos sociais durante as suas actividades variadas (procura de alimentos, migração e outras actividades diárias). Os principais elementos da organização social dos ungulados de pastoreio são o tamanho e a composição dos grupos Barrette, (1991). Muitos factores são considerados factores-chave na descrição, formação e modelação da organização social dos ungulados e do tamanho do grupo, tais como o risco de predação e as estratégias de reprodução Roberts, (1996); Bon *et al.*, (2001).

Habitat e distribuição geográfica do pato-de-água de Defassa:

O pato-de-água habita florestas de savana e mosaicos de floresta-savana perto de água permanente East, (1999), Spinage, (2013). É classificado como herbívoro e também como navegante. A sua ocorrência está geralmente confinada a áreas que recebem pelo menos 750 mm de precipitação anual. De acordo com Spinage, (2013) o pato-de-água é capaz de utilizar uma vasta gama de habitats aos quais os seus congéneres estão especificamente adaptados, embora apenas a um grau variável, não sendo tão aquático como o *Lechwe,* nem tão independente da água como o *Kob.*

Spinage, (2013) mencionou que o pato-defassa existe a oeste do Vale do Rift e a sul do Sahel, desde a Eritreia a leste até à Guiné-Bissau a oeste, sendo o seu ponto de distribuição mais a norte o sul do Mali. Dorst e Dandelot (1970), Ansell, (1971) e East, (1998) afirmaram que o pato-de-água-defassa ocorre no leste e sudeste de África e a leste do Vale do Rift Gregory. A sua distribuição geográfica estende-se desde a Zâmbia até à

África Oriental e à Etiópia e depois para oeste, até ao Senegal e ao Sudão.

Em muitas áreas protegidas, os antílopes estão a ser afectados negativamente pela caça ilegal para obtenção de carne, como no Serengeti, Sinclair e Arcese (1995). De acordo com Anstey, (1991).

Segundo a IUCN, (2016) o pato-defassa está a declinar lentamente mas em ritmo significativo devido ao efeito da caça furtiva, para além dos impactos da seca Spinage (2013). Na lista vermelha de espécies ameaçadas registou 122 espécies dentro de Bovidae, quatro delas estão extintas, duas extintas na natureza, sete delas listadas como criticamente em perigo, 20 espécies estão em perigo, 25 são vulneráveis, enquanto o risco mais baixo compreende cerca de 64 espécies. Destas 122 espécies, 58 (cerca de 47%) estão incluídas nas categorias que suscitam preocupações de conservação.

A carne de antílope é um componente proteico fundamental para as populações humanas em muitas partes de África. Algumas espécies de antílopes, como os duikers, mostram uma resistência considerável à pressão da caça. As zonas com elevada densidade humana têm um impacto na população de antílopes Wilkie *et al.,* (1998).

Muitos factores contribuíram para a perda de biodiversidade a nível mundial. Tilman *et al.,* (2001) referiram que a demolição e a fragmentação do habitat são a principal causa da perda de espécies. A taxa de extinção pode aumentar devido a muitos outros factores, como a invasão por espécies exóticas, a sobre-exploração, as alterações climáticas, a deterioração do habitat e as cascatas de extinção Diamond, (1989); Thomas *et al.,* (2004a); Brook *et al.,* (2008); Dunn *et al.,* (2009).

Stuart *et al.,* (1990) e World Resources Institute, (1995) afirmaram que o aumento do nível de degradação e destruição de habitats naturais e a competição entre a fauna bravia pelas suas necessidades básicas de água, coberturas vegetais e outras necessidades necessárias é o resultado da expansão da colonização agrícola, extração de madeira e populações de gado em África. Mencionaram que, para uma conservação prudente da população de antílopes, os resultados socioeconómicos e políticos devem ser tidos em conta dentro e fora das áreas protegidas. A primeira preocupação para a conservação da vida selvagem é criar apoio político e popular a nível nacional e local para garantir o futuro da flora e fauna de África.

Padrões de atividade do pato-de-água de Defassa:

Os padrões de atividade diária são parâmetros importantes no estudo etológico de quaisquer animais. Aschoff, (1964) Wakefield e Attum, (2006) Hayward e Hayward, (2012) e Kanda e Cote (2012) afirmaram que a biologia dos animais é afetada pela alimentação e bebida, temperatura e humidade, predadores e concorrentes, ciclo biológico, fases da lua e outros factores menores. Estudar o padrão de atividade de uma espécie é uma parte decisiva e indispensável para a valorização da sua gestão melhor e sustentável Winterbach *et al.*, (1998).

Munro *et al.*, (2006) Yamazaki *et al.*, (2008) Bridges e Noss (2011) Schai- Braun *et al.*, (2012) Podolski *et al.*, (2013) e Lendrum *et al.*, (2017) afirmaram que o estudo dos padrões de atividade animal é uma parte vital da ciência da etologia. Foram utilizados muitos métodos para recolher dados sobre os padrões de atividade dos animais e o mais utilizado é a observação visual direta Stelmock e Dean, (1986) Koprowski e Corse, (2005).

Os padrões de atividade diária são indispensáveis para qualquer estudo etológico de qualquer espécie animal (diurna e nocturna) e são afectados por factores ecológicos e biológicos como a temperatura e a humidade, predadores e concorrentes, ciclo biológico, fases da lua e muitos outros factores Aschoff, (1964) Wakefield e Attum, (2006); Hayward e Hayward, (2012) e Kanda e Cote, (2012). De acordo com Winterbach e Bothma, (1998) é de extrema importância e indispensável para a implementação de um plano de gestão eficaz.

A atividade diária do pato aquático no Parque Nacional de Dinder (DNP) foi estudada por Tomor e Abashar, (2002) e a sua ecologia no prado de Abdelgani foi estudada por Hassan, (2009). O waterbuck desapareceu da maior parte da sua área de distribuição devido à caça furtiva Spinage, (2013), e pensa-se que está a diminuir (especialmente o Defassa Waterbuck) a um ritmo alarmante IUCN, (2016).

Neste estudo foram estudados os padrões de actividades diárias do pato-de-água, que incluem alimentação, repouso, caminhada, bebida, repouso, caminhada, amamentação e luta. Foi estudada a monitorização da manada durante a sua alimentação, a composição da manada e a sua distribuição ao longo dos prados.

Animais selvagens no Parque Nacional de Dinder:

O DNP albergou uma variedade de espécies de vida selvagem. Dasmann, (1972) mencionou que o PND suporta um grande número de mamíferos durante a estação seca e um número menor na estação húmida. Espécies como o tiang *(Damaliscus lunatus tinag), o* junco de Bohor *(Redunca redunca), o* pato d'água *(Kobus ellipsiprymnus defassa),* o antílope roan *(Hippotragus equines)* e o oribi *(Ourbia ourebia).*

De acordo com Brown (1982), a vegetação rica em árvores e arbustos proporciona um elevado número e diversidade de aves por unidade de área. Também referiu que a estrutura dos povoamentos florestais é importante para as aves devido à sua influência na disponibilidade e qualidade dos habitats de reprodução e de alimentação.

Nikolaus, (1987) registou 938 espécies de aves no Sudão. Cerca de 250 espécies foram identificadas no DNP, muitas das quais são migradoras Yousif, (2012). A abundância e a distribuição das aves no parque são influenciadas por muitos factores, como a disponibilidade de água, recursos alimentares, tipos de vegetação, locais de nidificação adequados, materiais de nidificação e outros componentes do habitat. A quantidade e a qualidade destes recursos variam consoante as estações do ano. A recolha de mel e a colocação de fogo para repelir as abelhas e o pastoreio pelos seus animais domésticos afectam negativamente as espécies de aves Hassan, (2018).

O crocodilo do Nilo *(Crocodilus niloticus),* os lagartos-monitores e muitas espécies de cobras representam a diversidade de répteis. El tegani, (2002) afirmou que muitos dos insectos recolhidos no parque são decompositores, como os escaravelhos Buprestid, as térmitas e os escaravelhos do estrume.

De acordo com Harrison e Jackson (1958), o Parque Nacional de Dinder (DNP) é caracterizado por três sistemas ecológicos: prados, rios e dahara. Estas variações de habitat resultam numa ampla distribuição e numa grande diversidade de fauna e flora. No passado, o DNP continha variedades de espécies de vida selvagem, algumas em perigo de extinção ou vulneráveis, enquanto as restantes estão classificadas como menos preocupantes. A população de animais selvagens no PND registou uma diminuição alarmante dos números. A girafa não é observada desde 1986 no PND e o número de antílopes Roan *Hippotragus equines* diminuiu consideravelmente.

Prados:

Mayas é um termo utilizado localmente para designar prados. Formaram-se após o caudal do rio sazonal da Etiópia e, durante a estação seca, o rio secou formando poças temporárias ao longo do leito do rio Abdel Hameed *et. al.*, (1994).

Alguns prados foram encontrados perto das margens dos rios (Dinder & Rahad). Dasmann, (1972) afirmou que os prados são formados pela erosão e deposição de sedimentos em resultado do fluxo de água do rio durante a estação das cheias. Os prados variam entre si ao longo do ano em termos de área de superfície, desde menos de $200m^2$ até $4,5km^2$. A taxa de secagem é diferente, alguns conservam água até ao fim da estação seca. Em geral, são planos, sem margens claras, e ocupam bacias baixas, meandros e curvas de nível.

De acordo com Abdel Hameed, *et al.* (1994), os sistemas de drenagem do rio Rahad e do rio Dinder incluem cerca de quarenta prados.

Os prados têm uma grande importância para as espécies selvagens e o seu habitat, para o gado invasor, para os caçadores furtivos, para os colectores de mel, etc., e para os habitantes das aldeias em redor do parque. Tornaram-se a principal fonte de água e de forragem após a secagem dos rios Dinder e Rahad.

Comunidades vegetais no DNP:

Três comunidades vegetais registadas no DNP são descritas a seguir:

Bosques de *Acacia seyal- Balanites aegyptiaca*

Esta comunidade é caracterizada pela presença de bosques ou prados arborizados. As plantas dominantes são *a Acacia seyal, Balanites aegyptiaca* e *Combretum hartmannianum.*

O sistema de vegetação existe em solos argilosos profundos e fissurados (vertisols), enquanto a *Acacia seyal* e a *Combretum hartmannianum* se estendem ao longo das áreas planas. *A Balanites aegyptiaca* está presente nos cumes mais elevados. A variação dos tipos de solo e a topografia dão origem a manchas de povoamento misto ou puro de *Combretum hartmannianum.* O povoamento misto de *Combretum hartmannianum* é constituído por *Acacia seyal fistula*, *Acacia sieberiana*, *Ziziphus spina-christi* e *Ziziphus abyssinica* que se estendem ao longo das margens dos cursos de água.

As quantidades relativas de precipitação e a topografia afectam a distribuição destas três subcomunidades. As áreas de *Acacia seyal* e *Balanites aegyptiaca* são frequentemente varridas pelo fogo em todas as estações secas, são resistentes ao fogo mas a vegetação ao nível do solo é frequentemente removida pelo fogo e o solo argiloso é deixado nu. As gramíneas perenes dominantes na maioria das áreas foram substituídas por espécies anuais. A gramínea alta de sorgo selvagem *Sorghum sudanenis* está muito disseminada Darag, (1993).

Comunidades ribeirinhas:

As comunidades ribeirinhas estendem-se nas margens siltosas dos rios Dinder e Rahad. A floresta é uma floresta de vários estratos, caracterizada pela sua diversidade de vegetação. É dominada por *Ficus sycomorus, Hyphaene thebaica, Acacia sieberiana, Stereospermum kunthianum, Tamarindus indica* e *Combretum hartmannianum, Ziziphus spina-christi, Gardina lutea* e *Pilostigma reticulatum.*

Muitas gramíneas habitam a camada de solo que inclui *Bekeropsis uniseta, Eragrostis tremula* e *Sorghum sudanensis* com associação de diferentes forbes e trepadeiras. *A* composição ribeirinha muda gradualmente em direção ao sul. *A Hyphaene thebaica* começa a diluir-se da floresta ribeirinha e o solo apresenta progressivamente uma textura mais fina e elevada. A região sul é dominada por *Anogeissus leiocarpus* e *Combretum hartmannianum* Darag, (1993).

As árvores de folha larga aumentam em direção às fronteiras da Etiópia e são representadas por *Combretum hartmannianum*, *Terminalia browni*, *Boswellia payriffera* e *Adansonia digitata.* Esta zona é caracterizada pela sua elevada percentagem de precipitação. As gramíneas perenes desta zona (*Andropogon gayanus*, *Hyperrhenia ruffa* e *Setaria incrassate*) são dominadas por gramíneas anuais. O aumento da precipitação resulta no crescimento de trepadeiras como *Caparis tomentosa*, e trepadeiras como *Cissus quadrangularis*, epífitas como *Lorauthus sp.*, líquenes e musgos Darag, (1993).

Comunidades maias:

A caraterística mais marcante do DNP é a presença de maias. Devido aos meandros do rio e à natureza do fluxo de água e dos processos de erosão e deposição, formou-se um grande número de maias e poças ao longo da planície de inundação. Cerca de 40 maias principais estão presentes no DNP Darag, (1993).

Algumas maias são quase desprovidas de vegetação, com exceção de algumas ervas e arbustos dispersos, e servem como bons habitats para aves aquáticas e outras espécies quando completamente cheias de água das cheias Darag, (1993).

As maias produtivas são cobertas por espécies palatáveis formadoras de tapetes, tais como *Cynodon dactylon, Ipomea aquatica, Kyllinga sp.* e *Brachiaria sp.* Nestas maias e em algumas poças de rio, a cultura permanente de forragem verde e a água persistente suportam muitas espécies de peixes e anfíbios, bem como um grande número de ungulados e aves durante a estação seca.

Vários mayas foram degradados e tornaram-se, assim, não produtivos. Os sedimentos acumulados elevaram os leitos destas mayas (Beit-alwash, Mayat Musa, Farsh-el-Naam, Ein-alshamis, El-Godaha, etc.) e assorearam-nas. Em alguns casos, a nova invasora *Cassia occidentalis* "el sorrib" está a avançar das margens para o centro. A degradação das bacias hidrográficas e os incêndios repetidos aumentaram aparentemente as taxas de erosão e o eventual assoreamento dos leitos de maias. As gramíneas que formam esteiras foram substituídas por plantas anuais não palatáveis como o *sorgo (Sorghum sp.)* e, eventualmente, por árvores.

Ambiente físico:

Dasmann, (1972) descreveu dois tipos de solo no DNP: os vertisols e os entisols. O vertisols, o preto, é o mais comum e mais espalhado ao longo do parque, a sua argila escura e pesada é conhecida como "solo de algodão preto", que racha durante a estação seca.

O outro tipo é o entisols, que se estende desde os limites orientais do parque até ao sopé do planalto etíope e ao longo das margens dos rios. Ocorre em manchas de argila arenosa e argila arenosa; intercala-se com vertisols. De acordo com Hashim e Nimir, (1975) e Moilinga, (1996), o solo do DNP é arrastado das terras altas da Etiópia pelo rio Dinder e seus afluentes. Awad *et al.,* (1992) mencionaram que, no final da estação das chuvas, o solo secava e ficava rachado, ao passo que, durante a estação das chuvas, ficava inundado e tornava-se pegajoso, impedindo o movimento dos animais.

O DNP é atravessado por dois rios sazonais, o rio Dinder e o rio Rahad. O DNP tem uma topografia plana a uma altitude de cerca de 500 m acima do nível do mar (ASL).

O rio Dinder e o seu afluente Galago, que têm a sua confluência no Galago Camp (estação principal do DNP), correm depois para o Dinder. Na fronteira norte corre o rio Rahad. Para além dos rios Dinder e Rahad, existem muitos pequenos riachos como o khor Galago, o khor El Sunate e o khor Masaweek.

O DNP é contíguo aos 2700 km do^2 Alatash NP (ANP) na Etiópia. Os vastos e muito grandes prados de água permanente, localmente designados por maya, preservam por vezes a água durante a estação seca, nos quais todas as espécies se concentram durante a estação seca para satisfazer as suas necessidades de água e alimentos. O clima do DNP é caracterizado por duas estações: a estação chuvosa quente e húmida (maio-novembro) e a estação fria e seca (dezembro-abril) HCENR/WCGA/PNUD, (2004).

No início da estação seca, a temperatura é baixa, cerca de 20° C, e depois atinge o seu máximo em abril, com 42° C. O inverno é fresco e seco, com uma temperatura média de 30°C de novembro a fevereiro. Dasmann, (1972) mencionou que de março até ao início das chuvas, o tempo é quente e seco com temperaturas máximas diárias médias de 38°C e um máximo de 44°C.

A estação húmida no DNP começa com aguaceiros em maio e prolonga-se até novembro, durante os quais o parque recebe uma precipitação anual de cerca de 600-1000 mm na parte sudeste do parque e de cerca de 600-800 mm a norte na parte leste do parque, atingindo o seu pico em agosto. Os rios Rahad e Dinder começam a transbordar em julho, atingindo o seu pico em setembro. A humidade relativa média anual varia entre 35% e 45%, mas foi registado um valor mais elevado de 79% durante o pico das chuvas em agosto. Dois rios, o Rahad e o Dinder, drenam das terras altas da Etiópia através do DNP.

O Parque Nacional de Dinder deve o seu nome ao rio Dinder. O rio Rahad corre ao longo da fronteira setentrional do DNP, enquanto o rio Dinder corre no centro do parque. Os dois rios têm o mesmo comprimento, hidrologia idêntica e volumes comparáveis de caudais anuais para o Nilo Azul HCENR/WCGA/PNUD, (2004).

Águas subterrâneas:

A área do Parque é dominada pela formação de Al Atshan, que se afunila em direção a elTabia, e é subjacente a afloramentos de basements menos profundos. Na zona do rio Rahad, as formações aquíferas encontram-se nos depósitos superficiais ao longo das margens do rio. Ao longo do rio Dinder, podem ser extraídas grandes quantidades de água de alta qualidade dos depósitos superficiais dos terraços fluviais.

Contexto social e sistemas de produção do homem:

População:

São muitas as ameaças que o DNP enfrenta: expansão das comunidades locais e dos seus animais no parque, caça furtiva, seca, degradação do habitat e alterações climáticas. A combinação de todos estes factores conduz a um declínio acentuado da maioria dos seus animais selvagens. A girafa *(Giraffe Camelopardalis)* e os cães selvagens *(Lycaonpictus)* desapareceram e não são registados no Parque desde 1986, o tiang *(Damaliscus lunatus* tiang) está muito ameaçado e o leão *(Panthera leo leo)* e outros membros da família dos felinos estão em perigo.

A exploração do parque pela população local leva à competição entre os seus animais de criação e os animais selvagens pelos recursos (água e forragem), além de que os seus animais domésticos se tornam uma fonte de transmissão de doenças como a peste bovina e o carbúnculo, enquanto que as queimadas degradam o habitat dos bosques de gramíneas.

Material e métodos

Folhas de registo de campo, binóculos (Deluxe 10 X 50), cronómetro, GPS (Garmin GPS map 60 CSX), lápis, fitas métricas, máquina fotográfica digital (Nikon d3400), máquina fotográfica de armadilhas (Reconyx HC600), envelopes, quadrado e prensador de plantas.

Os estudos foram efectuados no DNP, ao qual se chega de carro. A observação abrangeu as actividades diárias, interação social, tipos de manada, exibições de reprodução, estrutura e organização. Este estudo centrou-se na ecologia comportamental do pato-de-água-defassa em cinco prados, nomeadamente Abdelgani (N 12.61037 E 35.02751), Ein-alshamis (N 12.64413 E 35.00760), Ras Amir (N 12.61553 E 35. 08929), Gererisa (N 12 36 272 E 35 01 277) e Beit-alwash (N 12.50576 E 35.03881) mapa (1). Os inquéritos de campo foram realizados durante as estações secas, de fevereiro a maio de 2018 e 2019.

O Parque Nacional de Dinder está situado no Estado do Nilo Azul, na fronteira com a Etiópia, e está rodeado pelos Estados de Sinnar, Gadarif e Nilo Azul (Fig. 1). Cobre uma área de cerca de 10.291 km2 e situa-se entre as latitudes 11° 47' e 12°32'N e 35° 15' e 48° 15' E, na parte nordeste do Sudão, junto às fronteiras da Etiópia e a cerca de 550 km a sudeste do Estado de Cartum HCENR/WCGA/UNDP, (2004).

O Parque Nacional de Dinder é a reserva da biosfera mais importante do Norte do Sudão. Foi declarado parque nacional em 1935, na sequência da Convenção de Londres de 1933, e em 1979 foi designado Reserva da Biosfera no âmbito do programa da UNESCO "O Homem e a Biosfera", no qual o envolvimento das pessoas na conservação da biodiversidade reforça a ligação da ecologia com a economia, a sociologia e a política HCENR/WCGA/PNUD, (2004).

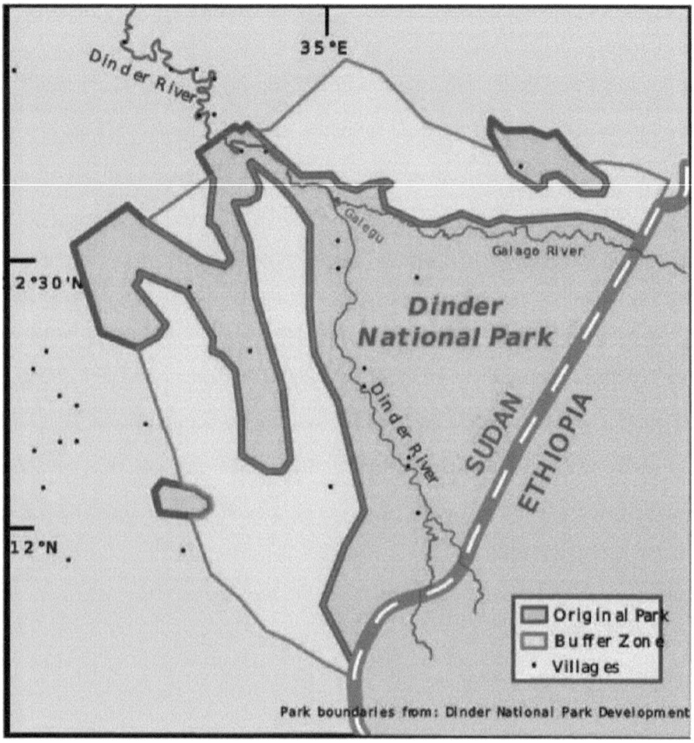

https://en.wikipedia.org/wiki/Dinder_National_Park (2020)

Figura 1: Localização do Parque Nacional de Dinder

Observações:

As observações abrangeram as actividades diárias do pato-de-água *Kobus ellipsiprymnus* defassa (fig.1) no que diz respeito a forragear, descansar, caminhar, beber, descansar, caminhar, mamar e lutar. Os inquéritos de campo foram realizados de fevereiro a maio de 2018 e 2019. O etograma foi construído de acordo com [16, 17]. O registo começou das 6:00 da manhã às 17:59 da tarde, utilizando binóculos (Deluxe 10 X 50). Os povoamentos de *Acacia nilotica, Ziziphus spina-christi* e outras árvores de grande porte foram utilizados como esconderijo para evitar perturbações indevidas. A observação diária foi dividida em manhã, das 6:00h às 11:59h, tarde, das 12:00h às 14:59h e noite, das 15:00h às 17:59h.

Resultados:

A comparação das atividades diárias de *Kobus ellipsiprymnus* defassain (Fig.1) o DNP durante 2018 e 2019 foi dada na Tabela (1)

O quadro mostrava que:

1. Diferenças significativas ($p>0,00$) em forragear, pastar, caminhar, mamar, beber e lutar.

2. Diferença significativa ($p>0,001$) em repouso.

3. O padrão de atividade de forragear e mamar foi significativamente mais elevado em 2018. Por outro lado, as restantes actividades foram significativamente mais elevadas em 2019.

Quadro 1: Comparação entre as actividades diárias de *Kobus ellipsiprymnus* defassain Parque Nacional de Dinder em 2018 e 2019

Atividade	**2018**	**2019**	**Calc.t**	**Significado**
Forrageamento	13.82±11.762	10.38±7.460	6.648	0.000
Navegação	0.046 ± 0.226	0.093 ± 0.251	-3.808	0.000
Descanso	4.601 ± 12.508	6.728 ± 11.418	-3.378	0.001
Andar a pé	0.285 ± 0.761	0.497 ± 0.658	-5.659	0.000
Suckling	1.230 ±1.968	0.565 ± 0.976	8.085	0.000
Beber	0.615 ± 1.127	1.725 ± 1.605	-15.190	0.000
Luta	0.206 ± 0.704	0.563 ± 1.206	-6.891	0.000

A variação das actividades diárias entre meses:

A Tabela 2 comparou as actividades diárias do *K. e.* defassa em diferentes meses no DNP durante 2018 e 2019. A tabela revelou que os padrões médios de atividade foram elevados em 2018 em comparação com 2019 durante todo o período de estudo.

Tabela 2: Tempo médio das actividades realizadas por *Kobus ellipsiprymus* defassa waterbuck durante os diferentes meses de 2018 e 2019

Actividades	Meses	2018	2019
		Média± DP	Média± DP
Forrageamento	fevereiro	157.83±70.782	10.635±4.020
	março	228.88±90.895	8.418±2.515
	abril	360.15±127.658	11.554±3.003
	maio	95.90±24.997	9.290±2.954
Navegação	fevereiro	0.327±0.240	0.065±0.032
	março	0.626±0.346	0.077±0.032
	abril	1.275±1.537	0.1386±0.099
	maio	0.811±0.757	0.176±0.08
Descanso	fevereiro	84.19±109.33	6.919±10.04
	março	103.70±115.07	4.297±2.406
	abril	50.30±45.507	8.549±7.27
	maio	32.823±9.732	8.831±8.366
Andar a pé	fevereiro	5.2096±3.151	0.471±0.26
	março	2.789±1.279	0.287±0.18
	abril	5.5467±4.654	0.593±0.317
	maio	5.5840±3.221	0.854±0.409
Suckling	fevereiro	11.5063±9.418	0.812±0.366
	março	11.5693±9.478	0.471±0.166
	abril	33.3717±12.916	0.568±0.409
	maio	11.7057±8.27	0.613±0.36
	fevereiro	6.6587±4.288	1.135±0.51
Beber	março	3.9117±1.396	0.949±0.20

	abril	11.5597±3.525	2.144±0.685
	maio	14.4207±4.65	2.757±1.008
Luta	fevereiro	8.3697±7.53	0.689±0.60
	março	1.0957±1.245	0.334±0.29
	abril	3.784±3.254	0.531±0.456
	maio	1.3367±2.01	0.247±0.31

Tabela 3 Matriz de diferenças significativas As tabelas 3 e 4 mostraram vários níveis de correlação em diferentes padrões de atividade e meses. r> 0,650 indica uma correlação elevada, 0,654 a >0,400 indica uma correlação fraca e uma correlação fraca é indicada por <0,40.

A distribuição das actividades em 2018 foi de atividade fraca e atividade moderada 28,6 e 16,7, respetivamente.

A distribuição da atividade em 2019, foi pobre e alta 45,2% para ambos e as actividades moderadas foram 9,5%.

Tabela 3. Matriz das diferenças significativas nas actividades durante 2018

Meses	fevereiro	março	abril	maio
	Atividade forrageira			
fevereiro	-	0.346	0.210	0.408
março	0.346	-	0.101	0.098
abril	0.210	0.101	-	0.006
maio	0.408	0.098	0.006	-
	Atividade de navegação			
fevereiro	-	0.689	0.225	0.520
março	0.689	-	0.394	0.803

abril	0.225	0.394	-	0.538
maio	0.520	0.803	0.538	-
	Descanso			
fevereiro	-	0.780	0.629	0.469
março	0.780	-	0.452	0.325
abril	0.629	0.452	-	0.802
maio	0.469	0.325	0.802	-
	País de Galesrei			
fevereiro	-	0.395	0.904	0.893
março	0.395	-	0.336	0.330
abril	0.904	0.336	-	0.989
maio	0.893	0.330	0.989	-
	Suckling			
fevereiro	-	0.994	0.030	0.981
março	0.994	-	0.030	0.987
abril	0.030	0.030	-	0.031
maio	0.981	0.987	0.31	-
	Beber			
fevereiro	-	0.388	0.142	0.033
março	0.388	-	0.035	0.008
abril	0.142	0.035	-	0.370
maio	0.033	0.008	0.370	-
	Luta			
fevereiro	-	0.070	0.225	0.078
março	0.070	-	0.463	0.947

abril	0.225	0.463	-	0.503
maio	0.078	0.947	0.503	-

Quadro 4. Matriz de diferenças significativas nas actividades durante 2019

	fevereiro	março	abril	maio
	Atividade forrageira			
fevereiro	-	0.417	0.732	0.618
março	0.417	-	0.260	0.745
abril	0.732	0.260	-	0.407
maio	0.618	0.745	-	0.407
	Atividade de navegação			
fevereiro	-	0.835	0.226	0.082
março	0.835	-	0.305	0.115
abril	0.226	0.305	-	0.520
maio	0.082	0.115	0.520	-
	Descanso			
fevereiro	-	0.683	0.799	0.765
março	0.683	-	0.511	0.484
abril	0.799	0.511	-	0.965
maio	0.765	0.484	0.965	-
	País de Galesrei			
fevereiro	-	0.481	0.635	0.161
março	0.481	-	0.253	0.052
abril	0.635	0.253	-	0.324
maio	0.161	0.052	0.324	-
	Suckling			

fevereiro	-	0.321	0.469	0.536
março	0.321	-	0.773	0.692
abril	0.469	0.773	-	0.913
maio	0.536	0.692	0.913	-
	Beber			
fevereiro	-	0.742	0.102	0.018
março	0.742	-	0.060	0.011
abril	0.102	0.060	-	0.294
maio	0.018	0.011	0.294	-
	Luta			
fevereiro	-	0.347	0.368	0.248
março	0.347	-	0.964	0.811
abril	0.368	0.964	-	0.776
maio	0.248	0.811	0.776	-

A variação das actividades diárias entre os períodos do dia:

O quadro mostra claramente que a maior parte do tempo das actividades é passado ao fim da tarde, exceto no que se refere à procura de alimentos e ao repouso, independentemente dos anos. O menor tempo gasto a mamar e a beber foi durante a tarde. Foram observadas diferenças muito significativas na procura de alimentos em 2019. Foram observadas diferenças muito significativas na caminhada em 2018. Foram observadas diferenças muito significativas na luta em 2019.

Tabela 5. Comparação das diferentes actividades durante 3 períodos de dias em horas de *Kobus ellipisprymnius defassa* no Parque Nacional de Dinder

Actividades	Manhã	Tarde	Noite	valor de p
Forrageamento 2018	179±75.035	149.98±113.62	248.79±166.596	0.342
Forrageamento 2019	105.68±1.414	65.97 ±11.83	127.57±18.02	0.001
Navegação 2018	0.451±0.37	1.40±1.22	0.427±303	0.137
Navegação 2019	0.475±0.238	1.41±0.62	1.550±0.8469	0.074
Descanso 2018	47±21.43	119±115.7	37.605±46.53	0.276
Descanso 2019	55±23.46	70±79.18	89.65±94.6986	0.798
Caminhada 2018	3±0.84	4±1.086	8.273±2.823	0.004
Caminhada 2019	5±2.44	4±1.4367	8.730±3.355	0.032
Suckling 2018	22±9.55	7±8.824	22.654±15.617	0.148
Suckling 2019	5 ±5.164	5.06±1.6077	8.020±3.361	0.483
Beber 2018	9±4.678	5.877±4.768	12.612±5.886	0.210
Beber 2019	19±.768	12±.5531	22.000±13.06	0.308
Combate 2018	0.009±0.018	5±4.73	6.648±5.496	0.130
Combate 2019	0.345±0.69	5±2.205	8.340±3.637	0.004

Discussão:

Houve uma diferença estatisticamente significativa entre o ano de 2018 e 2019 em todas as atividades, forragear e mamar foi maior em 2018 do que em 2019, enquanto navegar, descansar, caminhar, beber e lutar foi maior em 2019. Isto pode dever-se ao facto de em 2018 a estação das chuvas ter sido mais intensa do que em 2019. A sucção foi maior em 2018 porque o número de bezerros foi maior em 2018 do que em 2019. O aleitamento foi maior em 2018 do que em 2019. As necessidades energéticas são maiores quando as fêmeas estão a amamentar porque a produção de leite é extremamente dispendiosa (Oftedal, 1985). O repouso foi menor em 2018, isso pode ser devido ao grande número de bezerros que procuram abrigo em habitat adequado. O comportamento das mães que deixam o rebanho 2 semanas antes do parto.

Existe uma diferença significativa ($p < 0,039$) no comportamento de forrageamento entre março e abril. abril foi altamente significativo e diferente de maio ($p < 0,01$). Isso pode ser devido à mudança de fatores ambientais que afetam os orçamentos de tempo (Ellis, 1975), Shrestha, *et al.,* 2014).

Houve uma diferença muito significativa no comportamento de navegação entre fevereiro e maio (p- 0,002). A navegação foi muito diferente em março do que em maio (p 0,006). abril não foi significativamente diferente ($p > 0,05$) de maio. Este facto coincide com o pico da estação seca. Este facto está de acordo com (Estes, 2012), (Spinage, 1982)

Houve uma diferença significativa entre fevereiro e abril no comportamento de repouso ($p<0,024$). Isto pode dever-se ao facto de que quando a estação seca se aproxima os padrões de comportamento começam a mudar. Os ungulados podem também empregar a estratégia alternativa de se alimentar durante mais tempo para armazenar energia quando a qualidade e a quantidade de forragem são reduzidas durante a estação seca. Este facto é compatível com (Taylor, 1969 , Shrestha, 2014].

Houve uma diferença altamente significativa (p<0,01) no comportamento de amamentação entre fevereiro e março. Foi encontrada uma diferença significativa (p<0.05) entre abril e maio. Estas variações podem ser devidas ao facto de o pato-de-água-defassa se reproduzir durante todo o ano, o que leva a variações na idade das crias.

Houve uma diferença significativa (p<0,05) entre todos os meses na atividade de beber. Isto pode dever-se à variação na distribuição de *K.e* defassa waterbuck ao longo dos diferentes prados e à variação nas suas necessidades de beber. O resultado está de acordo com (Kruuk, 1972), (Schaller, 2009). Ambos os autores afirmaram que nas savanas africanas, as horas mais quentes do dia coincidem com o período em que os grandes carnívoros estão menos activos, e os ungulados bebem durante este período para reduzir o risco de predação natural.

Houve uma diferença extremamente significativa (p<0,000) entre fevereiro,

março, abril e maio. Estas variações devem-se provavelmente a lutas entre as crias e a lutas entre os adultos para acasalar.

Houve diferença significativa (p<0,05) no período de tempo e na atividade do comportamento de forrageamento nos períodos da manhã, tarde e noite. O período da tarde apresentou uma diferença significativa em relação à noite (p-0,000). A variação deve-se ao facto de o pico de forrageamento do *pato-de-água-defassa* ocorrer de manhã e à noite. O *K.e defassa* passa a maior parte do período da tarde em repouso. Estes resultados estão de acordo com (Ellis, 1975, Shrestha, 2014) que atribuíram este facto à exposição ao stress térmico agudo associado à desidratação. De acordo com (Schaller, 2009), Maloiy, 2008), o antílope pronghorn e o gado passam a maior parte do seu tempo a pastar e a descansar, com picos de atividade de forrageamento de manhã e à noite.

O estudo mostra uma diferença significativa (p>0,05) na navegação durante a manhã e a tarde. O período da tarde apresentou uma diferença significativa em relação à noite (p-0,000). Os resultados devem-se às estratégias de alimentação do pato-defesa, uma vez que este navega mais durante o período da tarde.

Houve uma diferença significativa no período de tempo e na atividade do comportamento de repouso de manhã, à tarde e à noite (p-0,000 e 0,003), respetivamente. O período da tarde apresentou uma diferença significativa com. Os picos de forrageamento do pato-de-água-defassa foram de manhã e à noite, pois passaram a maior parte do período da tarde a descansar. Este facto confirmou a observação de campo de (Maloiy, 2008).

Diferença extremamente significativa (p<0,00) no período de tempo e atividade do comportamento de caminhar entre os períodos da manhã, tarde e noite. O período da tarde apresentou diferença significativa em relação à noite. Estas variações são devidas a estratégias de *K.e defassa* na seleção da sua alimentação.

Houve uma diferença extremamente significativa (p<0,00) no período de tempo e no comportamento de sucção entre os períodos da manhã, tarde e noite significativamente (p<0,05). O período da tarde foi significativamente diferente do período da noite (p<0,00). A maioria das mamadas foi observada durante a manhã e a noite.

Houve diferença significativa (p<0,05) entre o consumo de álcool pela manhã e à tarde. Houve variação entre a tarde e a noite. A semelhança do resultado de manhã e à noite (p>0,05) é que *K.e defassa* bebe quando entra nos prados de manhã e quando sai dos prados à noite.

Houve uma diferença extremamente significativa (p<0,05) nas lutas entre a manhã e a noite, bem como no período da tarde. Isso se deve à variação da agregação do rebanho durante o dia.

Fig 1: *Kobus ellipisprymnius defassa*

Fig 2: Comportamento de combate

Figura: AbdelGani Meadow

Figura: Prado de EinShams

Figura: Prado de Gererisa

Figura: Prado de Ras-Amir

Figura: Prado de Ein-alshamis

Lista de alguns antílopes do Sudão:

1. *Hippotragus equinus*	Antílope Roan.
2. *Kobus ellipsiprymnus* defassa	Pato-d'água.
3. Capra nubiana	Íbex da Núbia
4. *Tragelaphus strepsiceros*	Kudu.
5. *Ammotragus lervia*	Ovinos bárbaros
6. *Redunca redunca*	Bohor reedbuck
7. *Tragelaphus scriptus*	Arbusto do Norte.
8. *Ourbia ourebia*	Oribi

Recomendações:

1. É necessária uma maior atenção do governo para a melhoria dos parques nacionais e a aplicação adequada das leis para proteger a riqueza do país, que tem valores económicos (turismo, economia e recreação).
2. O compromisso do governo para com a investigação científica da fauna bravia através da disponibilização de pessoal formado que levaria a impulsionar a roda para a proteção e conservação da fauna bravia e dos seus habitats.
3. Envolvimento das comunidades locais (pastores, agricultores e decisores) nas decisões de conservação.
4. Prosseguir os estudos sobre o *pato-defassa* em todo o parque e nos outros prados com a ajuda de novas tecnologias.
5. Estudos genéticos sobre o pato-de-água de Defassa.
6. Estudo do comportamento de parto.
7. Estudar a dinâmica populacional e a preferência alimentar durante a estação húmida.

Referências:

1. Abdel-Hameed, S. M., Awad, N., M, Nimir, M., B. *et al.,* 1994. Censo da população de grandes mamíferos em Dinder N.P Sudão. *Workshop para o Plano de Gestão de Dinder.* SECS- UNESCO. julho, Cartum.
2. Ansell, W.F., 1971. *Kobus ellipsiprymnus.* In: The Mammals of Africa: An Identification Manual (eds Meester J, Setzer HW), pp.41-42. Smithsonian Institution Press, Washington, D.C.
3. Anstey, S., 1991. Wildlife utilization in Liberia, Report of a survey undertaken for the World Wide Fund for Nature, Gland Switzerland.
4. Arcese, P. & Sinclair, A. R. E. 1997 The role of protected areas as ecological baselines. J. Wildl. Mngmt 61, 587-602.
5. Aschoff, J., 1964. Survival value of diurnal rhythms (Valor de sobrevivência dos ritmos diurnos). In *Symposia of the Zoological Society of London* (Vol. 13, pp. 79-89).
6. Awad, N. M., Gutbi, O. S., Mohamadain, A. H., *et al.,* 1992. População indígena: Caso da população Magano no Parque Nacional de Dinder. WRC- LSDA 30p.
7. Barrette, C., 1991. The size of Axis deer fluid groups in Wilpattu National Park, Sri Lanka. *Mammalia* (55)pp207-220.
8. Bon, R., Rideau, C., Villaret, J.C., e Joachim, J., 2001. A segregação não é apenas uma questão de sexo no íbex alpino, Capra ibex ibex. *Animal Behaviour, 62(3),* pp.495-504.
9. Pontes, A.S. e Noss, A.J., 2011. Comportamento e padrões de atividade. Em *Camera traps in animal ecology* (*armadilhas fotográficas em ecologia animal*) (pp. 57-69). Springer, Tóquio.
10. Brook, B.W., Sodhi, N.S. e Bradshaw, C.J., 2008. Synergies among extinction

drivers under global change. *Trends in ecology & evolution, 23(8),* pp.453-460.

11. Brown, L.H., 1982. As aves de África. Volume 1. Imprensa académica, Londres, Nova Iorque.
12. Clutton-Brock, T. e Janson, C., 2012. A socioecologia dos primatas na encruzilhada: passado, presente e futuro. *Evolutionary Anthropology: Issues, News, and Reviews, 21(4),* pp.136-150.
13. Darag, A., e Lamarque, G., 1993. Livestock production and sahelian rangelands potential: República do Sudão. Maisons-Alfort: CIRAD-EMVT- CTA, 2-4. ISBN 2(87614) pp.088-8.
14. Dasmann, W., 1972. Development and management of Dinder National Park and its Wildlife, F.A.O. Rome No. TA 3113. 61p.
15. Diamond, J. M., 1989. Overview of recent extinctions. In: Western D, Peral MC, editores. Conservation for the Twenty- First Century. Oxford: Oxford University Press. pp.37-41.
16. Dorst, J., e Dandelot, P., 1970. A Field Guide to the Larger Mammals of of of Africa (Guia de Campo dos Mamíferos Maiores de África). *Collins, Londres.* 287pp.
17. Dunn, R.R., Harris, N.C., Colwell, R.K., Koh, L.P. e Sodhi, N.S., 2009. The sixth mass coextinction: are most endangered species parasites and mutualists? *Actas da Sociedade Real B: Ciências Biológicas, 276*(1670), pp.3037-3045
18. East, R., 1998. Copresidente do ASG, Base de dados de antílopes africanos. *Relatório do Grupo de Especialistas em Antílopes da IUCN/SSC.*
19. East, R., 1999. *Antílopes.* Base de dados de antílopes africanos (1998). IUCN, Gland, Suíça e Cambridge, Reino Unido.
20. El tegani, A. M., 2002. Levantamento parcial de insectos do Parque Nacional de Dinder - Levantamento da linha de base ecológica do Parque Nacional de Dinder. Parte II. HCENR, WRC. Cartum.

21. Ellis JE, Travis M. Comparative aspects of foraging behaviour of pronghorn antelope and cattle (Aspectos comparativos do comportamento de procura de alimentos do antílope pronghorn e do gado). *Journal of Applied Ecology*. 1975 Aug 1:411-20.

22. Estes RD. O guia de comportamento dos mamíferos africanos: incluindo mamíferos com cascos, carnívoros e primatas. Univ. of California Press; 2012 Mar 28.

23. Grubb, P., 1993. Order Artiodactyla. in Mammal species of the world. A taxonomic and geographic reference, (2) pp.377-414.

24. Harrison, M.N. e Jackson, J.K., 1958. Ecological classification of the vegetation of the Sudan (Classificação ecológica da vegetação do Sudão). *Classificação ecológica da vegetação do Sudão,* (2).

25. Hashim I. M. e Nimir M. B., 1975. Contagem das tendências populacionais do tiang (*Damaliscus korrigram* tiang Heaglin), do pato-de-água (*kobus defassa* harnier nurie) e do antílope-roaz (*Hippotragus equinus* Henghim) no Parque Nacional de Dinder.

26. Hassan, T. A., 2018. Identificação de espécies de aves no Parque Nacional de Dinder. Jornal de Pesquisa em Ciências Marinhas e Oceanografia.

27. Hassan, T. A., 2009. Alguns aspectos da ecologia do waterbuck (Kobus ellipsiprymnus defassa) em AbdelGhani Maya, DNP, *Tese de Mestrado não publicada, Universidade de Juba, Sudão.*

28. Hayward, M.W. e Hayward, M.D., 2012. Waterhole use by African fauna. *South African Journal of Wildlife Res earch-2 4-month delayed open access, 42*(2), pp.117-127.

29. HCENR/WCGA/UNDP, 2004. Plano de Gestão do Parque Nacional de Dinder.

3 0.IUCN, 2016. A Lista Vermelha de Espécies Ameaçadas da IUCN. Versão 2016-
2.

31. Kanda, H., e Cote, S. D., 2012. Os ungulados africanos e os seus problemas de consumo: os riscos de caça e predação limitam o acesso à água. *Animal Behaviour*, (83). pp.145-153.

32. Kappeler, P.M., 2019. Um quadro para o estudo das complexidade. *Behavioral Ecology and Sociobiology, 73(1),* pp.1-14.

33. Kingdon, J., 2007. *The Kingdon field guide to African mammals (Guia de campo Kingdon para mamíferos africanos).* Black Publishers Ltd.

34. Koprowski, J.L. e Corse, M.C., 2005. Orçamentos temporais, períodos de atividade e comportamento dos esquilos-raposa mexicanos. *Journal of Mammalogy, 86*(5), pp.947952.

35. Kruuk H. The spotted hyena: a study of predation and social behavior (A hiena malhada: um estudo da predação e do comportamento social). *Chicago* Press; 1972.

36. Lendrum, P.E., Crooks, K.R. e Wittemyer, G., 2017. Mudanças nos padrões de atividade circadiana de uma comunidade de vida selvagem após o desenvolvimento de energia de alta intensidade. *Journal of Mammalogy, 98*(5), pp.1265-1271.

37. Maloiy, G.M.O., Kanui, T.I., Towett, P.K., Wambugu, S.N., Miaron, J.O. e Wanyoike, M.M., 2008. Effects of dehydration and heat stress on food intake and dry matter digestibility in East African ruminants (Efeitos da desidratação e do stress térmico na ingestão de alimentos e na digestibilidade da matéria seca em ruminantes da África Oriental). *Comparative Biochemistry and Physiology Part A: Molecular & Integrative Physiology, 151(2),* pp.185-190.

38. Moilinga, P.T.D., 1996. Ecologia de base e gestão do babuíno da oliveira (Papio anubis) no Parque Nacional de Dinder. Dissertação de Mestrado. Tese de Mestrado. *Instituto de Estudos Ambientais. Universidade de Khartoum.*

39. Munro, R.H.M., Nielsen, S.E., Price, M.H., Stenhouse, G.B. e Boyce, M.S., 2006. Seasonal and diel patterns of grizzly bear diet and activity in westcentral Alberta. *Journal of mammalogy, 87*(6), pp.1112-1121.

40. Nikolaus, G., 1987. *Distribution atlas of Sudan's birds with notes on habitat and status.* Zoologisches Forschungsinstitut und Museum Alexander Koenig.

41. Oftedal OT. Gravidez e lactação. Bioenergética de herbívoros selvagens. Hudson RJ, White RG. 1985.

42. Podolski, I., Belotti, E., Bufka, L., Reulen, H. e Heurich, M., 2013. Padrões de atividade sazonal e diária do lince euro-asiático de vida livre Lynx lynx em relação à disponibilidade de abates. *Wildlife Biology, 19(1),* pp.69-77.

43. Roberts, G., 1996. Porque é que a vigilância individual diminui à medida que o tamanho do grupo aumenta. *Animal behaviour, 51*(5), pp.1077-1086.

44. Schai-Braun, S.C., Rödel, H.G. e Hackländer, K., 2012. The influence of daylight regime on diurnal locomotor activity patterns of the European hare (Lepus europaeus) during summer. *Mammalian Biology, 77*(6), pp.434-440.

45. Schaller GB. The Serengeti lion: a study of predator-prey relations (O leão do Serengeti: um estudo das relações predador-presa). Imprensa da Universidade de Chicago; 15 de outubro de 2009.

46. Schradin, C., Lindholm, A.K., Johannesen, J.E.S., Schoepf, I., YUEN, C.H., Koenig, B. e Pillay, N., 2012. Flexibilidade social e evolução social em mamíferos: um estudo de caso do rato listrado africano (Rhabdomys pumilio). *Molecular Ecology, 21*(3), pp.541-553.

47. Schuette, J.R., Leslie Jr, D.M., Lochmiller, R.L. e Jenks, J.A., 1998. Dietas de hartebeest e roan antelope no Burkina Faso: apoio à hipótese da cara comprida. *Journal of Mammalogy, 79*(2), pp.426-436.

48. Shankar Raman, T.R., 1997. Factors influencing seasonal and monthly changes in the group size of chital or axis deer in southern India. *Journal of Biosciences, 22*(2), pp.203-218.

49. Shrestha, A.K., Van Wieren, S.E., Van Langevelde, F., Fuller, A., Hetem, R.S., Meyer, L., De Bie, S. e Prins, H.H.T., 2014. Os antílopes maiores são sensíveis ao stress

térmico ao longo de todas as estações, mas os antílopes mais pequenos apenas durante o verão, num ambiente semi-árido africano. *Revista Internacional de Biometeorologia, 58,* pp.41-49.

50. Spinage CA, antílope territorial: The Uganda waterbuck. Elsevier; Academic Press, Londres 1982.

51. Spinage, C.A., 2013. Kobus ellipsiprymnus Waterbuck. *Os Mamíferos de África. VI. Pigs, Hippopotamuses, Chevrotain, Giraffes, Deer, and Bovids (Kingdon, J. and Hoffmann, M. eds.), Bloomsbury Publishing, London,* pp.461-468.

52. Stelmock, J.J. e Dean, F.C., 1986. Brown bear activity and habitat use, Denali National Park: 1980. *Bears: Their Biology and Management,* pp.155167.

53. Stuart, S.N., Stuart, S.N., Adams, R.J. e Jenkins, M., 1990. *Biodiversity in sub-saharan Africa and its islands: conservation, management, and sustainable use* (Vol. 6). IUCN.

54. Taylor CR, Spinage CA, Lyman CP. Water relations of the waterbuck, an East African antelope. American Journal of Physiology-Legacy Content. 1969 Aug 1;217(2):630-4.

55. Thomas, C.D., Cameron, A., Green, R.E., Bakkenes, M., Beaumont, L.J., Collingham, Y.C., Erasmus, B.F., De Siqueira, M.F., Grainger, A., Hannah, L. e Hughes, L., 2004. Risco de extinção devido ao clima mudança. *Nature, 427*(6970), pp.145-148.

56. Tilman, D., Fargione, J., Wolff, B., D'antonio, C., Dobson, A., Howarth, R., Schindler, D., Schlesinger, W.H., Simberloff, D. e Swackhamer, D., 2001. Forecasting agriculturally driven global environmental change. *science, 292(5515),* pp.281-284.

57. Tomor, B. M e Abashar, H. A., 2002. Orçamento da atividade diurna da população de patos-de-água (*Kobus ellipsiprymnus defassa*) que utiliza um prado no DNP. No Sudão. *Jornal de Recursos Naturais e Estudos Ambientais,* 3(1) pp59.

58. Wakefield, S. e Attum, O., 2006. Os efeitos das visitas humanas na utilização de um

charco por ungulados ameaçados de extinção. *Journal of Arid Environments, <55*(4), pp.668-672.

59. Wilkie, D.S., Curran, B., Tshombe, R. e Morelli, G.A., 1998. Gestão da caça à carne de animais selvagens na reserva de vida selvagem de Okapi, República Democrática do Congo. *Oryx, 32(2),* pp.131-144.
60. Winterbach, H.E.K. e Bothma, J.D.P., 1998. Padrões de atividade do búfalo do Cabo Syncerus caffer caffer na Reserva de Caça Willem Pretorius, Free State. *South African Journal of Wildlife Research-24-month delayed open access, 28*(3), pp.73-81.
61. Wolfe, B.A., 2015. Bovidae (exceto ovinos e caprinos) e Antilocapridae. *Fowler's zoo and wild animal medicine, Volume 8,* p.626.
62. Instituto de Recursos Mundiais, 1995. *Recursos Mundiais, 1994-95: A Report.* Oxford University Press.
63. Yamazaki, K., Kozakai, C. e Kasai, S., Goto Yu., Koike S., Furubayashi K. 2008. Uma avaliação preliminar dos colares GPS de deteção de atividade para estimar os padrões de atividade diária dos ursos negros japoneses. *Ursus, 19* (2), pp.154-161.
64. Yousif, R. A., (2012). Abundância, Preferência de Mayas e Distribuição de Aves no Parque Nacional de Dinder, Sudão. *World's Vet .J.* 2(3), pp.27-32.

Conteúdo

MIX
Papier aus verantwortungsvollen Quellen
Paper from responsible sources
FSC® C105338

Printed by Books on Demand GmbH, Norderstedt / Germany